Turmfalken-Weibchen; im Hintergrund der Münchner Olympiaturm

manche Vögel deutlich früher mit dem Brutgeschäft beginnen, vereinzelt sogar im Winter brüten wie die Ringeltaube, Amsel, Kohlmeise und der Grünfink. Zunutze machen sich viele Arten auch das günstigere Nahrungsangebot der Stadt. Schwäne, Enten, Bläßhühner und Tauben leben zum erheblichen Teil vom Brot, mit dem sie von mitleidigen Menschen gefüttert werden. Möwen, Krähen, Elstern, Stare und Sperlinge suchen Abfalleimer, Kläranlagen und Mülldeponien nach Freßbarem ab.

Vögel, die sich in der Stadt behaupten wollen, müssen anpassungsfähig sein. Viele von ihnen entwickelten erstaunliche Verhaltensweisen. Lachmöwen und Haussperlinge etwa gehen manchmal auch zu nächtlicher Stunde auf Beutefang und schnappen nach den Insekten, die im Lichtkegel einer Straßenlaterne flattern. Die durch Autoscheinwerfer, Lampen und Leuchtschriften künstlich erzeugte Helligkeit veranlaßt Amseln, Gelbspötter und Rotkehlchen gelegentlich dazu, ihren Gesang mitten in der Nacht vorzutragen.

An sonderbaren Plätzen errichten Stadtvögel bisweilen ihr Nest: in Zeitungsröhren, Briefkästen, Lüftungslöchern und leeren Benzinkanistern, in Plastikeimern, Hydranten, Kanonenrohren und alten Schuhen, auf Baukränen, hinter Fensterläden und Firmenschildern – vielleicht wäre es einfacher, diejenigen Stellen aufzuzählen, die als Brutplatz für Vögel **nicht** in Frage kommen.

Jungvögel

Grauschnäpper

Höckerschwan

Sperber

Star

Zaunkönig

Lieber Vogelfreund

Eine Bachstelze, die mit ihrem Spiegelbild kämpft, das sie in der Radkappe eines Autos erspäht hat, ein Gelbspötter, der seinen Gesang nachts im Schein einer Straßenlaterne vorträgt, eine Kohlmeise, die in Wohnungen eindringt und Seife frißt, ein Spatz, der auf einem fahrenden Baukran brütet – diese und andere staunenswerte Verhaltensweisen von Vögeln beschreibt und zeigt der *GU Kompaß Vögel in der Stadt*. Er vermittelt einen bunten Querschnitt durch das faszinierende Vogelleben in Städten und Wohnsiedlungen. Die 85 ungewöhnlichen Farbfotos und leicht verständliche Beschreibungstexte laden dazu ein, Vögel in der Stadt zu entdecken und ihre Lebens- und Verhaltensweisen zu beobachten. Um Ihnen das Bestimmen zu erleichtern, werden – im unterschiedlichen Fall – Männchen und Weibchen, Farbvarietäten sowie auf den Seiten 4/5 Jungvögel gezeigt.

Farbige Kennstreifen signalisieren, wann der beschriebene Vogel bei uns beobachtet werden kann:

- *Standvögel:* Arten, die das ganze Jahr im Brutgebiet und der näheren Umgebung bleiben.
- *Teilzieher:* Arten, bei denen ein Teil der Tiere auch im Winter in der Nähe des Brutplatzes bleibt, während die übrigen in mildere Regionen ziehen.
- *Zugvögel:* Arten, die sich nur während der in Klammern angegebenen Monate bei uns aufhalten und in Afrika, Süd- oder Westeuropa überwintern.

Auf den Seiten 2/3 finden Sie Wissenswertes über den »Lebensraum Stadt«, auf den Seiten 60–62 Hinweise und Ratschläge zum Thema »Vogelschutz in der Stadt« sowie Adressen, an die Sie sich mit speziellen Fragen wenden können.

Mehr Natur erleben in der Stadt – das macht dieses erste Buch über Vögel, die sich mit dieser vermeintlich lebensfeindlichen Umgebung arrangiert haben, möglich. Mit Hilfe dieses handlichen Führers im Einsteckformat kann ein Spaziergang zur spannenden Natur-Safari in der Stadt werden.

Viel Freude beim Beobachten von Vögeln in der Stadt wünschen Autor und GU Naturbuch-Redaktion.

Foto Umschlagvorderseite: Hausspatz; Umschlagrückseite: Lachmöwen

Lebensraum Stadt

Die Stadt ist ein verhältnismäßig junger Lebensraum. Während es Wälder, Moore, Seen und Flüsse schon gab, als die Erde noch von den Sauriern beherrscht wurde, begann die Geschichte der Stadt erst vor wenigen tausend Jahren nach dem Seßhaftwerden des Menschen. Bei den Vögeln, denen man heute in der Stadt begegnet, handelt es sich um aus anderen Ländern und Lebensräumen eingewanderte Arten. Der Haussperling beispielsweise dürfte aus den Steppen Vorderasiens stammen, bereits lange vor Christi Geburt schloß er sich dem Menschen an. Die Amsel wiederum brütete ursprünglich nur im Wald und drang erst im Verlauf des 19. Jahrhunderts in die Städte ein. Folgende Gruppen von Stadtvögeln lassen sich unterscheiden:

Wasservögel wie Höckerschwan, Bläßhuhn, Tafel-, Reiher- und Stockente. Die Wasservögel der Stadt sind im allgemeinen sehr zutraulich und lassen sich füttern.

Kunstfelsenbrüter, etwa Turmfalke, Mauersegler, Dohle, Hausrotschwanz. Diese Arten brüten überwiegend an oder in Gebäuden.

Steppenvögel wie Haubenlerche und Haussperling. Wälder und ausgedehnte Parkanlagen werden von ihnen gemieden.

Waldvögel bilden die bei weitem größte Gruppe. Zu ihnen gehören unter anderem Ringeltaube, Sperber, Waldkauz, Buntspecht, Eichelhäher, Heckenbraunelle, Zaunkönig, Gelbspötter, Kleiber, Rotkehlchen, Nachtigall, Dompfaff, Kernbeißer und Buchfink sowie Drosseln, Meisen, Grasmücken, Baumläufer.

Welche Vorteile bietet all diesen Vögeln der Lebensraum Stadt? Zuerst ist die im Vergleich zum Umland um durchschnittlich 0,5–3 °C höhere Lufttemperatur zu nennen. Zurückzuführen ist sie auf die von Häusern und Industrieanlagen erzeugte Wärme sowie auf die infolge der Luftverschmutzung verringerte nächtliche Abkühlung. Zudem gibt es besonders in der Innenstadt verhältnismäßig wenige Pflanzen, also wird weniger Wasser gespeichert und verdunstet. Das relativ milde, schneearme Klima der Stadt und die damit um mehrere Wochen verlängerte Zeit des Pflanzenwachstums sind der Grund dafür, daß

Rotkehlchen

ausrotschwanz

ohlmeise

Eichelhäher

Tafelente

Wissenschaftlicher Name: *Aythya ferina*
Kennzeichen: Teilzieher. 46 cm/900 g. Langer, hoher Kopf, fliehende Stirn. Männchen im Brutkleid mit rostrotem Kopf und Hals, im Ruhekleid (Sommer, Frühherbst) insgesamt matter gefärbt, Vorderbrust grau statt schwarz, Rücken bräunlich. Weibchen mit braunem Gefieder, das von Vogel zu Vogel geringfügig abweichen kann.
Lebensweise in der Stadt: Geringe Scheu vor dem Menschen, häufig futterzahm; gesellig. Verpaart sich manchmal mit anderen Entenarten, vor allem mit der Reiherente. Balz Februar bis Juni. Brutzeit April bis Juli, 1 Brut. Bodennest, 6–12 grünliche Eier; das Weibchen brütet 24–28 Tage. Nestflüchter.
Nahrung: Samen von Wasserpflanzen, Brot, Fischfutter, Muscheln, Insekten. Ein Großteil der Nahrung wird unter Wasser gesucht.

Reiherente

Wissenschaftlicher Name: *Aythya fuligula*
Kennzeichen: Teilzieher. 43 cm/700 g. Männchen im Brutkleid mit herabhängenden Schmuckfedern am Hinterkopf, die sich im Ruhekleid (Sommer, Frühherbst) verkürzen oder auch ganz verschwinden. Männchen nimmt dann weitgehend die braune Färbung des Weibchens an, ist an den Flanken aber grauer, an Kopf und Rücken dunkler. Beim Weibchen (kleines Bild) Federschopf kleiner oder fehlend, Unterschwanzdecken gelegentlich weiß statt braun, Schnabel manchmal mit grauem bis weißem Ring an der Wurzel.
Lebensweise in der Stadt:

Oft futterzahm und sehr zutraulich; wandert zunehmend in die Städte ein. Balz Januar bis April. Brutzeit Mai bis Juli, 1 Brut. Bodennest, 6–13 grünliche Eier; das Weibchen brütet 23–28 Tage. Nestflüchter.
Nahrung: Samen von Wasserpflanzen, Brot, Muscheln, Schnecken, Insekten

Stockente

Wissenschaftlicher Name: *Anas platyrhynchos*
Kennzeichen: Teilzieher. 58 cm/1100 g. Männchen im Brutkleid (kleines Bild) mit flaschengrünem Kopf, weißem Halsring und dunkelbrauner Brust, im Ruhekleid (Sommer, Frühherbst) ähnlich gefärbt wie das Weibchen, jedoch dunklerer Oberkopf, helleres Gesicht, undeutlicher gestrichelte Brust. Weibchen (Bild rechts) braun gefleckt mit olivgrünem Schnabel. Beide Geschlechter ganzjährig mit metallblauem Flügelspiegel. Stimmfreudig; oft zu hören das gedämpfte »räb« des Männchens und das laute Quaken des Weibchens.
Lebensweise in der Stadt: Die häufigste und zutraulichste Ente. Vermischt sich zunehmend mit entflogenen oder ausgesetzten Zierenten; die aus solchen Verbindungen hervorgehenden Bastarde können sehr verschieden aussehen. Wo übermäßig gefüttert wird, lassen sich fast das ganze Jahr über Balzhandlungen beobachten. Oft wird ein Weibchen – selbst dann,

wenn es Junge führt – von mehreren Männchen über fallen und vergewaltigt; zuweilen kommt es dabei ums Leben. Brutzeit März bis Juli, 1 Brut. 7–12 grünliche Eier, die das Weibchen 26–29 Tage bebrütet. Nest meistens am Boden, z. B. unter einem Strauch oder gut versteckt zwischen Gräsern, Bär-Lauch und Brennesseln, manchmal in Nistkörben und auf Bäumen, darüber hinaus auch Gebäudebruten. Ob im Inneren eines Geräteschuppens, auf dem Flachdach einer Fabrik, auf dem Balkon eines Wohnhauses oder in der Schießscharte einer Stadtmauer – die Stockente versteht sich dem Menschen anzupassen. Den Sprung aus luftiger Höhe – es können über 20 m freier Fall sein – überstehen die Küken in der Regel unbeschadet. Nestflüchter.

Nahrung: Pflanzen im und am Wasser, Brot, Getreide, Kleintiere.

Höckerschwan

Wissenschaftlicher Name: *Cygnus olor*
Kennzeichen: Standvogel. 152 cm/10 000 g. Weißes Gefieder, oranger Schnabel mit schwarzem Höcker.
Lebensweise in der Stadt: Zutraulich, futterzahm. Außerordentlich wehrhaft, der ausgewachsene Altvogel kennt keine natürlichen Feinde. Zur Brutzeit (März bis Juli) besetzen die Tiere ein festes Revier; benachbarte Paare liefern sich manchmal erbitterte Kämpfe. Ausschreitungen gegen andere Wasservögel kommen vor, besonders Küken werden bisweilen mit dem Schnabel gepackt und ertränkt. Streunende Hunde, die seiner Brut zu nahe kommen, schlägt der Höckerschwan in die Flucht. Bodennest, 1 Brut. 5–9 grüngraue Eier, die das Weibchen 34–38 Tage bebrütet. Nestflüchter.
Nahrung: Algen und andere Wasserpflanzen, Gras, Getreidekörner, Brot.

Bläßhuhn

Wissenschaftlicher Name: *Fulica atra*
Kennzeichen: Teilzieher. 38 cm/800 g. Gefieder schwarz, Schnabel und Stirnschild weiß. Ruft gellend »kix« und rauh »köw«.
Lebensweise in der Stadt: Geringe Scheu, futterzahm. Von Oktober bis März häufiger als in den übrigen Monaten; zum Großteil handelt es sich um Wintergäste aus Nord- und Osteuropa. Bei strengem Frost drängen sich die Vögel dort zusammen, wo sie offenes Wasser vorfinden, beispielsweise an Stellen, die durch das Einleiten von Abwasser eisfrei bleiben. Ab Februar heftige Revierkämpfe. Zuerst bedrohen

sich die Vögel, indem sie die Flügel hoch über dem Rücken wölben, dann treten sie mit den Füßen aufeinander ein. Brutzeit März bis August, 1–2 Bruten. 6–10 graue, dunkelbraun gefleckte Eier; die Partner brüten 23–24 Tage. Nestflüchter.
Nahrung: Wasserpflanzen, Brot, Kleintiere.

Lachmöwe

Wissenschaftlicher Name: *Larus ridibundus*
Kennzeichen: Teilzieher. 38 cm/250 g. Kopf im Brutkleid braun (kleines Bild), im Ruhekleid weiß mit dunklem Fleck hinter dem Auge. Laute, krächzende Rufe.
Lebensweise in der Stadt: Futterzahm. Durch Zuzug aus Nord- und Osteuropa von Oktober bis März wesentlich häufiger als in den übrigen Monaten. Versteht es meisterhaft, das vielfältige Nahrungsangebot der Stadt zu nutzen. Ob Schulhof, Fischhalle oder Schlachthaus, ob Marktplatz, Klärbecken oder Mülldeponie, selbst der entlegenste Winkel wird aufgesucht und gemustert. An hell erleuchteten Plätzen manchmal nachtaktiv. Koloniebrüter an Gewässern außerhalb der Städte, Brutzeit April bis Juli, 1 Brut. 2–3 olivbraune, dunkel gefleckte Eier; beide Partner brüten 22–24 Tage. Platzhocker.
Nahrung: Pflanzenteile, Brot, Kleintiere und die verschiedensten Abfälle. Jagt anderen Wasservögeln das Futter ab.

Ringeltaube

Wissenschaftlicher Name: *Columba palumbus*
Kennzeichen: Teilzieher. 41 cm/530 g. Weißer Halsfleck und weißes Flügelband, Gesang eine Folge tief gurrender Strophen.
Lebensweise in der Stadt: In manchen Städten äußerst zutraulich, in anderen scheu und nie in unmittelbarer Nähe des Menschen. Am häufigsten für gewöhnlich in Grünanlagen. Reisignest in Sträuchern und Bäumen, oft auch Gebäudebruten, z. B. auf Mauervorsprüngen, Fensterbrettern, Balkonen, in Blumenkästen, Scheunen, Fabrikhallen. Brutzeit März bis Oktober; 2–4 Bruten mit jeweils 2 weißen Eiern. Beide Partner brüten 16–17 Tage, Nestlingsdauer 29–34 Tage.
Nahrung: Getreideaussaat und andere Sämereien, Blätter, Beeren, Bucheckern, Eicheln, Brot, Kleintiere. Ein Teil der Vögel fliegt zur Nahrungssuche auf die Felder am Stadtrand.

Stadttaube

Wissenschaftlicher Name: *Columba livia*
Kennzeichen: Standvogel. 33 cm/340 g. Kann äußerst verschieden aussehen; es gibt weiße, graue, rotbraune und blauschwarze Vögel, außerdem zahllose Zwischenformen. Arttypisches, leises Gurren.
Lebensweise in der Stadt: In Altbauvierteln und Industriegebieten häufiger als in Villengegenden und dörflichen Vorstädten; am zahlreichsten in Großstadtzentren. Pflanzt sich das ganze Jahr über fort, hauptsächlich jedoch von März bis September. Das Nest wird aus Zweigen, Wurzeln, Halmen und Federn gebaut und befindet sich an oder in Gebäuden, bisweilen auch in Baumhöhlen und Astgabeln. 3–6 Bruten, jeweils 2 weiße Eier. Beide Partner brüten 17 Tage, Nestlingsdauer 23–25 Tage. Wo man sie übermäßig füttert, verbringt die Stadttaube oft ihr gesamtes Leben im Umkreis weniger hundert Meter, statt zur Nahrungssuche auf die Felder am Stadtrand zu fliegen. Viele

Tiere leiden unter Vitaminmangel und werden krank. Da jeder Vogel jährlich 2–3 kg ätzenden Kot ausscheidet, kann es zu beträchtlichen Verschmutzungen kommen. Mit Netzen, Drahtgittern, Metallspießen und ähnlichen Dingen versucht man, den Tauben das Brutgeschäft zu verleiden, teilweise mit Erfolg. In der Tat mangelt es vielerorts an Nistplätzen, um so mehr drängen sich die Tiere an geeigneten Stellen zusammen. Vor allem unter Brücken, in Bahnhofshallen und an Kirchtürmen können ansehnliche Kolonien entstehen.

Nahrung: Jungpflanzen, Triebe, Knospen, Beeren, Eicheln, Weizen- und Maiskörner, Brot, Abfälle. Um ihren Bedarf an Mineralsalzen zu decken, pickt die Stadttaube Mörtel aus schadhaften Mauern und frißt mit Hundeharn durchtränkte Erde.

Türkentaube

Wissenschaftlicher Name: *Streptopelia decaocto*
Kennzeichen: Standvogel. 28 cm/200 g. Helles Gefieder mit schwarzem Nackenband. Ruft tief »gu-guh-gu«, wobei die zweite Silbe betont wird.
Lebensweise in der Stadt: Wanderte Mitte des 20. Jahrhunderts aus Südosteuropa ein; Bestand noch im Wachsen begriffen. Das Nest, ein flaches Gebilde aus Wurzeln, Zweigen oder Draht, wird in Sträuchern und Bäumen errichtet, oft auch an Gebäuden, z. B. auf Fensterbrettern, Mauervorsprüngen, Dachbalken und in Fabrikhallen, gelegentlich auf Stahlmasten oder in Futterhäusern. Brutzeit ganzjährig, vorwiegend aber von März bis September. 2–5 Bruten mit jeweils 2 weißen Eiern; beide Partner brüten 13–14 Tage. Nestlingsdauer 18–20 Tage.
Nahrung: Pflanzenteile, Tierfutter, Brot.

Waldkauz

Wissenschaftlicher Name: *Strix aluco*
Kennzeichen: Standvogel. 38 cm/500 g. Großer, runder Kopf. Gefieder je nach Vogel rotbraun bis grau gemustert. Ruft gellend »kuwitt«, Gesang eine langgezogene, schaurig heulende Strophe: »huuuu-u-uuuuuuu«.
Lebensweise in der Stadt: Ruht tagsüber im Geäst eines Baumes oder in einer Höhle; wenn die Nacht hereinbricht, geht er auf Jagd. Lautloser Flug. Überfällt Singvögel am Schlafplatz, plündert Nester, fängt Mäuse. Brutzeit Dezember bis Mai, 1 Brut, vorwiegend in Baumhöhlen. Die 3–5 weißen Eier werden im Abstand von 2–3 Tagen gelegt. Mit dem Brüten beginnt das Weibchen nach Ablage des ersten Eies, 28–30 Tage später schlüpft das erste Junge. Nestlingsdauer 29–35 Tage.
Nahrung: Vögel, Mäuse, Ratten und andere Tiere.

Turmfalke

Wissenschaftlicher Name: *Falco tinnunculus*
Kennzeichen: Teilzieher. 34 cm/210 g. Schwanz und Oberkopf beim Männchen grau, beim Weibchen (kleines Bild) rotbraun. Männchen am Rücken gefleckt, Weibchen quergebändert. Ruft gellend »wrii-wrii ...« oder »ki-ki ...«.
Lebensweise in der Stadt: Rüttelt über Wiesen und Feldern, oft mehrere Kilometer vom Brutplatz entfernt. Wie ein Stein stürzt er plötzlich vom Himmel, ergreift eine Maus und trägt sie davon. Geht auch im Häusermeer der Innenstädte auf Jagd, überwältigt Vögel und raubt ihre Nester aus. Brutzeit April bis Juli, 1 Brut. Nistet in Mauernischen, Dachböden, Kirchtürmen, Nistkästen, Baumhöhlen und alten Krähennestern, auf Balkonen, Strommasten und Schornsteinen, zuweilen mehr als 100 m über dem Boden. 4–7 bräunlich gefleckte Eier; das Weibchen brütet 28–30 Tage. Nestlingsdauer 28–35 Tage.
Nahrung: Insekten, Eidechsen, Vögel, Mäuse.

Sperber

Wissenschaftlicher Name: *Accipiter nisus*
Kennzeichen: Teilzieher. Männchen 28 cm/140 g, Weibchen 38 cm/240 g. Querbänderung der Unterseite grau, bei alten Männchen rotbraun. Ruft anhaltend »gigigi . . .«.
Lebensweise in der Stadt: Überwältigt Kleinvögel im Überraschungsangriff. Seine ungestüme, verwegene Jagdweise ist für den Sperber nicht ungefährlich. So mancher prallt gegen ein Hindernis, etwa eine Glasscheibe, und bricht sich das Genick. Brutzeit April bis Juli, 1 Brut. Horst 5–15 m hoch auf Nadelbäumen, meistens im Stangenholz, z. B. am Stadtrand oder in großen, ruhigen Grünanlagen. 4–7 helle, braun gefleckte Eier; das Weibchen brütet rund 35 Tage, Nestlingsdauer 24–30 Tage.
Nahrung: Hauptsächlich Vögel, besonders Sperlinge, Meisen, Finken, Drosseln.

Buntspecht

Wissenschaftlicher Name: *Picoides major*
Kennzeichen: Standvogel. 23 cm/75 g. Schwarzweißes Gefieder; Männchen (kleines Bild) mit rotem Nackenfleck, Weibchen ohne Rot am Kopf. Jungvögel im Sommer und Herbst mit gänzlich rotem Oberkopf. Laute »kick«-Rufe, weithin hörbares Trommeln.

Lebensweise in der Stadt: Beschädigt bei der Nahrungssuche manchmal holz- oder styroporverkleidete Hauswände. Um sein Revier abzugrenzen, schlägt er mit dem Schnabel auf abgestorbene Äste und Baumstämme ein, außerdem trommelt er gegen Antennen, Blechdächer, Porzellanisolatoren und Leitungsmasten. Brutzeit April bis Juli, 1 Brut. Nistet in selbstgezimmerten Baumhöhlen, z. T. auch in Nistkästen. Die 4–7 weißen Eier werden von beiden Partnern 11–13 Tage bebrütet. Nestlingsdauer 20–23 Tage.
Nahrung: Bucheckern, Nüsse, Nadelbaumsamen, Sonnenblumenkerne, Talg, Insekten, Eier, Jungvögel.

Mauersegler

Wissenschaftlicher Name: *Apus apus*
Kennzeichen: Zugvogel (Mai bis August). 17 cm/ 41 g. Schwarzbraunes Gefieder, sichelförmige Flügel, kurzer, gegabelter Schwanz, reißender Flug. Ruft hoch und schrill »sriih«.
Lebensweise in der Stadt: Verbringt den größten Teil seines Lebens in der Luft, kann im Flug nächtigen. Brutzeit Mai bis Juli, 1 Brut. Nistet in Gebäudenischen hoch über dem Boden, z. B. unter Dachziegeln oder in Kirchtürmen. 2–3 weiße Eier; beide Partner brüten 18–26 Tage. Altvögel ziehen bei Dauerregen in Gegenden mit besserer Witterung, oft hunderte Kilometer vom Brutplatz entfernt. Junge verfallen währenddessen in starreähnlichen Zustand und können 2 Wochen ohne Futter durchstehen. Nestlingsdauer 38–56 Tage.
Nahrung: Spinnen und verschiedene Insekten.

Rauchschwalbe

Wissenschaftlicher Name: *Hirundo rustica*
Kennzeichen: Zugvogel (April bis Oktober). 19 cm/ 20 g. Langer, tief gegabelter Schwanz, Kehle und Stirn braunrot. Ruft hoch »tsiwit« und »wid-wid«, Gesang ein plauderndes Zwitschern.
Lebensweise in der Stadt: Brutzeit Mai bis September, 2–3 Bruten. Nistet in Viehställen, Scheunen, Hausfluren sowie bewohnten Zimmern, wenn sie durch ein offenes Fenster ein- und ausfliegen kann. Meist klebt das Nest an einer senkrechten Wand, manchmal befindet es sich auf Mauervorsprüngen, Holzbalken oder Lampenschirmen. Auch auf dem Kopf einer ausgestopften Gemse und auf dem Rücken eines präparierten Sperbers wurde es schon gefunden. 4–6 weiße, braun gefleckte Eier; das Weibchen brütet 14–16 Tage. Nestlingsdauer 20–24 Tage.
Nahrung: Insekten.

Mehlschwalbe

Wissenschaftlicher Name: *Delichon urbica*
Kennzeichen: Zugvogel (April bis Oktober). 13 cm/ 20 g. Unterseite und Bürzel weiß, kurzer, gegabelter Schwanz. Ruft »prt« und »zier«, leiser, zwitschernder Gesang. (Großes Bild mit Haussperling.)
Lebensweise in der Stadt: Vorwiegend am Stadtrand und in der Nähe von Freiflächen. Bei Regen und Kälte zuweilen hohe Verluste durch Nahrungsmangel. Braucht, ebenso wie die Rauchschwalbe, schlammige Pfützen, die ihr das Material für den Nestbau liefern. Brutzeit Mai bis September, 2–3 Bruten; geschlossenes Lehmnest unter Dachvorsprüngen.

Brütet in Kolonien, die oft Jahrzehnte bestehen. 4–6 weiße Eier; beide Partner brüten 14–15 Tage. Nestlingsdauer 19–24 Tage. Im Herbst werden die Altvögel manchmal vom Zugtrieb erfaßt, bevor die letzte Brut flügge ist, die Jungen werden im Stich gelassen und gehen zugrunde.
Nahrung: Insekten.

Wacholderdrossel

Wissenschaftlicher Name: *Turdus pilaris*
Kennzeichen: Teilzieher. 26 cm/100 g. Kopf und Bürzel hellgrau, Rücken kastanienbraun. Helle, schwarz gefleckte Unterseite. Ruft laut »schack«, schnarrend »trt«, hoch »zri«. Unauffälliger Gesang.
Lebensweise in der Stadt: Brutzeit April bis Juli, 1–2 Bruten, häufig in Kolonien. Nest 2–20 m hoch in Sträuchern und Bäumen. 3–6 grüne, rotbraun gefleckte Eier; das Weibchen brütet 12–14 Tage. Nestlingsdauer 13–15 Tage. Wacholderdrosseln sind wehrhaft; Elstern, Krähen, Greifvögel, Menschen und andere Störenfriede, die der Brut zu nahe kommen, werden heftig attackiert und mit Kot bespritzt. Vereinzelt wurden sogar Greifvogelaufkleber an Glasflächen angegriffen.
Nahrung: Obst, Regenwürmer und andere Kleintiere.

Singdrossel

Wissenschaftlicher Name: *Turdus philomelos*
Kennzeichen: Zugvogel (Februar bis November). 23 cm/70 g. Braune Oberseite, weißliche, mit dunklen Flecken übersäte Unterseite. Ruft hoch »zipp«; lauter Gesang aus jeweils 2- bis 3mal wiederholten Motiven, häufig mit Nachahmungen anderer Vogelstimmen.
Lebensweise in der Stadt: Brutzeit April bis Juli, 2 Bruten. Nest meistens 1–4 m hoch in Sträuchern, Bäumen oder an Gebäuden, ausnahmsweise im Inneren eines Geräteschuppens, Gartenhäuschens oder Fahrradkellers. 3–6 hellblaue, schwarz gepunktete Eier; das Weibchen brütet 12–14 Tage. Nestlingsdauer 14–15 Tage.
Nahrung: Obst, Regenwürmer, Insekten und andere Kleintiere. Gehäuseschnekken zertrümmert die Singdrossel an einem Stein, Baumstumpf, Brett oder an einer Glasflasche.

Wissenschaftlicher Name: *Turdus merula*
Kennzeichen: Teilzieher. 25,5 cm/95 g. Männchen (Bild links, mit Albinonestling) schwarz mit gelbem Schnabel, Weibchen (Bild rechts) dunkelbraun mit gefleckter Unterseite. Zahlreiche Rufe, z. B. ein zeterndes »tix«, hohes »siih«, lärmendes »tschink«» und ängstliches »tschuk«; flötender Gesang.
Lebensweise in der Stadt: Mit erstaunlicher Ausdauer bekämpfen Amseln bisweilen ihr Spiegelbild, das sie in einem Kellerfenster oder in der Radkappe eines parkenden Autos erblicken. Ihren Gesang tragen viele Männchen mitten in der Nacht vor; ausschlaggebend dürfte die von Autoscheinwerfern, Straßenlaternen und Leuchtschriften erzeugte Helligkeit sein. Im Frühjahr, wenn die Reviere besetzt werden, liefern sich die Vögel erbitterte Gefechte. Blutend und mit

hangenden Flügeln räumt der Unterlegene manchmal das Feld, zuweilen stirbt er an seinen Verletzungen. Brutzeit März bis August, 2–4 Bruten. Napfförmiges Nest in Sträuchern, Bäumen und an Gebäuden; gelegentlich errichtet das Weibchen mehrere Nester nebeneinander, brütet aber nur in einem davon. Als Baumaterial dienen Moos, Laub, Halme, Erde, Draht, Plastiktüten und andere Abfälle, sogar eine 6 m lange Wäscheleine wurde schon verarbeitet. 3–6 grünliche, rotbraun gefleckte Eier, die ausschließlich oder überwiegend das Weibchen bebrütet, 13–14 Tage lang. Nestlingsdauer 13–15 Tage.

Nahrung: Obst; Regenwürmer, Schnecken, Insekten, Jungvögel und andere Kleintiere; Wurst, Brot, Kuchen. Jagt manchmal Haussperlingen das aus Abfallkörben hervorgeholte Futter ab.

Wissenschaftlicher Name: *Sturnus vulgaris*
Kennzeichen: Teilzieher. 22 cm/75 g. Schwarzes Gefieder mit hellen Flecken; Jungvögel braun. Heisere Rufe; der Gesang enthält viele Nachahmungen anderer Vogelstimmen.
Lebensweise in der Stadt: Bildet in einigen Städten riesige Schlafgemeinschaften. Abend für Abend, auch während der Brutzeit, versammeln sich Tausende von Staren auf bestimmten Mauervorsprüngen, Dächern und Bäumen, bisweilen schon seit Jahrzehnten am selben Platz. Springt manchmal in Abfallkörbe, wo er nach Bockwurstresten und ähnlichen Dingen stochert. Brutzeit März bis Juli, 1–2 Bruten. Nest in Baumhöhlen, Nistkästen, Gebäudenischen; die 4–7 hellblauen Eier werden 12–14 Tage von beiden Partnern bebrütet. Nestlingsdauer 20–22 Tage.
Nahrung: Obst, Kleintiere.

Wissenschaftlicher Name: *Corvus monedula*
Kennzeichen: Standvogel. 33 cm/240 g. Schwarzes Gefieder mit grauem Nacken und Hinterkopf. Helles, weithin hörbares »kjack« und ähnliche Rufe.
Lebensweise in der Stadt: Gesellig, meist Koloniebrüter. Setzt sich manchmal auf die Zeiger von Turmuhren, nistet in Baumhöhlen, Krähennestern, Dachböden, Fensternischen und Kirchtürmen. Brutzeit April bis Juni, 1 Brut. 4–7 grünblaue, dunkel gefleckte Eier, die das Weibchen 17–18 Tage bebrütet. Nestlingsdauer 28–32 Tage. Interessantes Sozialleben, Rangordnung innerhalb der Gruppe. Bestand gefährdet durch Umweltgifte und den Verlust an Brutmöglichkeiten; Nistkästen sind eine wichtige Hilfe.
Nahrung: Obst, Getreide, Wurzelknollen, Würmer, Schnecken, Insekten, Jungvögel, Mäuse, Abfälle.

Rabenkrähe

Wissenschaftlicher Name: *Corvus corone corone*
Kennzeichen: Standvogel. 47 cm/550 g. Gefieder und Schnabel schwarz. Ruft »kräh«, »krah« und »krr«. In Irland, Italien, Nord-, Ost- und Südosteuropa durch die Nebelkrähe (*Corvus corone cornix*, kleines Bild) vertreten: Teilzieher, Rücken und Bauch grau, übriges Gefieder schwarz.
Lebensweise in der Stadt: Anpassungsfähig, intelligent und äußerst vorsichtig; oft in Schwärmen. Brutzeit März bis Juni, 1 Brut. Nistet stets einzeln; der Horst besteht aus Zweigen, Wurzeln, Rinde und Haaren und wird hoch über dem Boden in einer Baumkrone errichtet, seltener auf Strommasten, Schornsteinen oder Stützpfeilern. 4–6 grüne, braun gefleckte Eier, die das Weibchen 18–20 Tage bebrütet. Nestlingsdauer 30–35 Tage.
Nahrung: Allesfresser; Obst, Sämereien, Abfälle, Aas, Würmer, Schnecken, Insekten, Fische, Frösche, Eidechsen, Vögel und ihre Eier, Mäuse.

Saatkrähe

Wissenschaftlicher Name: *Corvus frugilegus*
Kennzeichen: Standvogel. 46 cm/480 g. Schlanker, spitzer Schnabel, schwarzes Gefieder. Schnabelwurzel im ersten Lebensjahr schwarz befiedert, danach weißlich und kahl. Ruft rauh »krah«, hoch »kirr« oder hart »krrr«.
Lebensweise in der Stadt: Von Oktober bis März Zuzug riesiger Schwärme aus Osteuropa. Sucht Müllhalden, Grünflächen und Felder nach Nahrung ab, frißt auf Schulhöfen das weggeworfene Pausenbrot. Übernachtet im Winter oft zu Tausenden auf bestimmten Bäumen. Brutzeit März bis Juni, 1 Brut. Horstet gesellig in Baumkronen, ausnahmsweise auf Kirchtürmen. 3–6 grüne, braun gefleckte Eier; das Weibchen brütet 17–20 Tage. Nestlingsdauer 30–35 Tage.
Nahrung: Getreidekörner und -keimlinge, Abfälle, Kleintiere.

Eichelhäher

Wissenschaftlicher Name: *Garrulus glandarius*
Kennzeichen: Teilzieher. 34 cm/170 g. Weißer Bürzel, blauschwarz gebänderte Flügeldeckfedern. Ruft lärmend »rätsch« und »räh«.
Lebensweise in der Stadt: Brutzeit April bis Juli, 1 Brut. Reisignest in Sträuchern und Bäumen, manchmal in Nistkästen und an Gebäuden, z. B. auf Mauervorsprüngen, Fensterbrettern oder Dachbalken. 5–7 grünbraune, dunkel gefleckte Eier; beide Partner brüten 16–17 Tage. Nestlingsdauer 19–20 Tage.
Nahrung: Eicheln, Haselnüsse und Bucheckern, von denen viele als Vorrat im Boden vergraben werden. Ein erheblicher Teil der Früchte wird nicht mehr gefunden, keimt aus und entwickelt sich zu Pflanzen. Plündert Vogelnester, frißt Würmer, Insekten, Spinnen und andere Kleintiere, außerdem Obst, beispielsweise Kirschen und Beeren.

Elster

Wissenschaftlicher Name: *Pica pica*
Kennzeichen: Standvogel. 46 cm/210 g. Schwarzweißes Gefieder, langer Schwanz. Ruft hoch »kijak« und hart »schack«.
Lebensweise in der Stadt: Übernachtet teilweise gesellig in Sträuchern und Bäumen; oft versammeln sich Abend für Abend mehrere Dutzend Vögel. Dringt in Hühnerställe und Hundezwinger ein, sucht Straßen nach überfahrenen Tieren ab, plündert Nester und überwältigt, soweit sie geschwächt oder unbesonnen genug sind, auch Altvögel. Brutzeit März bis Juni, 1 Brut. Großes, mit einer sperrigen Haube aus Zweigen überdachtes Nest in Büschen und Bäumen. 5–8 grünliche, braun gefleckte Eier; das Weibchen brütet 17–18 Tage. Nestlingsdauer 22–27 Tage.
Nahrung: Pflanzenteile, Abfälle, Aas, Kleintiere.

Bachstelze

Wissenschaftlicher Name: *Motacilla alba*
Kennzeichen: Teilzieher. 18 cm/23 g. Wippt ständig mit ihrem langen Schwanz. Kehle im Brutkleid schwarz, im Ruhekleid weiß. Ruft »zisiss« und »zilipp«; unauffälliger Gesang.

Lebensweise in der Stadt: Ihrem Spiegelbild, das sie in einer Fensterscheibe, einer Radkappe oder einem Autospiegel erblickt, liefert die Bachstelze zuweilen erbitterte Kämpfe (kleines Bild). Über Tage, manchmal auch Wochen hinweg findet sie sich immer wieder am selben Platz ein, um mit dem Schnabel nach ihrem vermeintlichen Gegenüber zu hacken. Oft geselliges Übernachten in Bäumen, Gewächshäusern und auf Dächern. Brutzeit April bis August, 2–3 Bruten. Nest meistens an Gebäuden, in Baumhöhlen, Holzstößen u. ä. 4–6 weiße, dunkel gefleckte Eier, die 12–14 Tage überwiegend vom Weibchen bebrütet werden. Nestlingsdauer 13–15 Tage.
Nahrung: Kleintiere.

Haubenlerche

Wissenschaftlicher Name: *Galerida cristata*
Kennzeichen: Standvogel. 17 cm/45 g. Lange, spitze Federhaube auf dem Kopf, kurzer Schwanz mit gelbbraunen Außenfedern. Der flötende Gesang enthält zahlreiche Nachahmungen anderer Vogelstimmen, manchmal werden sogar die Pfiffe eines Schäfers imitiert.
Lebensweise in der Stadt: Benötigt karges Bruch- und Ödland, deshalb vorwiegend in Neubauvierteln, Industriegebieten und im Bereich größerer Baustellen. Meist sind solche Lebensräume nur wenige Jahre für die Haubenlerche nutzbar. Brutzeit April bis Juli, 2 Bruten. Offenes Bodennest, zuweilen auf Flachdächern. 3–6 graue, braun gefleckte Eier, die das Weibchen 12–13 Tage bebrütet. Nestlingsdauer 10–12 Tage.
Nahrung: Sämereien, grüne Grasspitzen, Brotkrumen, Spinnen, Insekten.

Heckenbraunelle

Wissenschaftlicher Name: *Prunella modularis*
Kennzeichen: Teilzieher. 14,5 cm/19 g. Schlanker, dunkler Schnabel, bleigraue Unterseite, braun gemusterter Rücken. Ruft »dididididi« und »zieh«, dünner, wirbelnder Gesang.
Lebensweise in der Stadt: Bewohnt Wälder, Parks und verwachsene Gärten, führt ein verborgenes Leben im Schutz der Vegetation. Meidet Freiflächen, huscht sonderbar geduckt von Deckung zu Deckung oder flattert knapp über dem Boden dahin. Brutzeit April bis Juli, 2 Bruten. Das Nest wird 0,5–1,5 m hoch in einem Strauch oder jungen Baum errichtet. 4–6 blaugrüne Eier; das Weibchen brütet 12–14 Tage. Nestlingsdauer 12–14 Tage.
Nahrung: Würmer, Spinnen, Insekten, die sie u. a. dadurch aufstöbert, daß sie das Laub umdreht; auch Sämereien, vor allem im Winter.

Zaunkönig

Wissenschaftlicher Name: *Troglodytes troglodytes*
Kennzeichen: Teilzieher. 9,5 cm/9 g. Braunes Gefieder, kurzer, meistens steil aufgerichteter Schwanz. Ruft hart »tek« und schnurrend »trrr«, schmetternder Gesang.
Lebensweise in der Stadt: Äußerst lebendig, schlüpft wie eine Maus durch das Strauchwerk. Brutzeit April bis Juli, 2 Bruten. Kugelförmiges Nest in Sträuchern, Jungfichten oder Wurzeltellern umgestürzter Bäume, gelegentlich in Baumhöhlen, Nistkästen, Mauerlöchern sowie im Inneren von Scheunen, Geräteschuppen und Stallungen, z. B. in einer Gießkanne, einem Hut, einer alten Jacke oder einem verlassenen Rauchschwalbennest. 5–8 weiße, braun gefleckte Eier; das Weibchen brütet 14–17 Tage. Nestlingsdauer 15–18 Tage.
Nahrung: Feine Sämereien; Würmer, Spinnen, Insekten.

Mönchsgrasmücke

Wissenschaftlicher Name: *Sylvia atricapilla*
Kennzeichen: Zugvogel (März bis Oktober). 14 cm/ 20 g. Männchen mit schwarzer, Weibchen (kleines Bild) mit rotbrauner Kopfkappe; übriges Gefieder graubraun bis hellgrau. Bei Störungen harte »tak«-Rufe; kräftiger, abwechslungsreicher Gesang mit klar geflöteter Schlußstrophe.
Lebensweise in der Stadt: Benötigt Bäume und dichtes Buschwerk. Brutzeit April bis Juli, 1–2 Bruten. Napfförmiges Nest aus Zweigen, Wurzeln, Halmen und Haaren, meist 0,5–1,5 m über dem Boden. 4–6 weißliche bis hellbraune, dunkel gefleckte Eier; beide Partner brüten 11–13 Tage. Nestlingsdauer 11–14 Tage. Statt nach Südeuropa und Afrika zu ziehen, überwintern immer mehr mitteleuropäische Mönchsgrasmükken auf den Britischen Inseln, wo sie Futterstellen aufsuchen und Küchenabfälle fressen.

Nahrung: Beeren und andere Früchte, Spinnen, Insekten.

Gartengrasmücke

Wissenschaftlicher Name: *Sylvia borin*
Kennzeichen: Zugvogel (Mai bis September). 14 cm/20 g. Graubraune Oberseite, helle Unterseite. Wohlklingender Gesang, bei Störungen charakteristische »wet«-Rufe.
Lebensweise in der Stadt: Bewohnt unterwuchsreiche Gärten, Parks, Feldgehölze und Wälder. Brutzeit Mai bis Juli, 1–2 Bruten. Zunächst errichtet das Männchen mehrere unvollständige Nester und zeigt sie dem Weibchen, gemeinsam bauen die Partner dann eines davon zu Ende. Der lockere, sperrige Napf befindet sich für gewöhnlich 0,3–1 m über dem Boden in Sträuchern, Jungbäumen oder Brennesseln. 4–6 weißliche bis hellbraune, dunkel gefleckte Eier; beide Partner brüten 12–14 Tage. Nestlingsdauer 11–14 Tage.
Nahrung: Beeren, Spinnen, Insekten.

Zilpzalp

Wissenschaftlicher Name: *Phylloscopus collybita*
Kennzeichen: Zugvogel (März bis Oktober). 11 cm/ 9 g. Braungrüne Oberseite, gelbliche Unterseite, Beine meist dunkelbraun. Lebhaft und ständig in Bewegung. Gesang eine unverwechselbare Aneinanderreihung der Laute »zilp« und »zalp«. Äußerst ähnlich der gleichgroße Fitis (*Phylloscopus trochilus*, kleines Bild): Zugvogel (April bis September). Überaugenstreif deutlicher ausgeprägt, Beine gewöhnlich hellbraun. Weicher, melodiöser und in der Tonhöhe abfallender Gesang, der an den des Buchfinks erinnert.
Lebensweise in der Stadt: An Sträucher und lichte Baumbestände gebunden. Brutzeit April bis Juli, 2 Bruten. Großes, überdachtes Nest am Boden oder dicht darüber. 5–7 weiße, dunkelbraun gefleckte Eier; das Weibchen brütet 13–14 Tage. Nestlingsdauer 14–17 Tage.

Nahrung: Beeren, Spinnen, Blattläuse, Mücken und andere Kleintiere.

Gelbspötter

Wissenschaftlicher Name: *Hippolais icterina*
Kennzeichen: Zugvogel (Mai bis September). 13,5 cm/13 g. Grüngraue Oberseite, gelbliche Unterseite, heller, undeutlicher Überaugenstreif. Bezeichnende, kurze »tui«-Rufe, abwechslungsreicher Gesang, der die Nachahmungen anderer Vogelstimmen enthält.
Lebensweise in der Stadt: Angeregt durch die künstliche Helligkeit der Stadt, singt der Gelbspötter manchmal mitten in der Nacht. Aus seinem afrikanischen Winterquartier bringt er bisweilen die Pfiffe tropischer Vögel mit, die bei uns fast niemand kennt. Brutzeit Mai bis Juli, 1–2 Bruten. Napfförmiges Nest 1–3 m hoch in einem Strauch oder Baum. 4–6 rosa gefärbte, schwarz gefleckte Eier; beide Partner brüten 13–14 Tage. Nestlingsdauer 14–15 Tage.
Nahrung: Beeren, Insekten.

Gartenbaumläufer

Wissenschaftlicher Name: *Certhia brachydactyla*
Kennzeichen: Standvogel. 12,5 cm/9 g. Rindenfarbige Oberseite, dünner, gebogener Schnabel. Huscht wie eine Maus an Baumstämmen hoch, ruft lautstark »ti«, Gesang ein kurzes »tüti-tüti-rüisri«. Seltener zu beobachten der ähnliche Waldbaumläufer *(Certhia familiaris)*: Standvogel. Weiße statt bräunliche Flanken, an die Blaumeise erinnernder Gesang.

Lebensweise in der Stadt: Sucht im Winter teilweise gemeinsame Schlafplätze auf; in Baumhöhlen, Holzstößen oder unter Dachvorsprüngen versammeln sich manchmal über ein Dutzend Vögel. Brutzeit April bis Juli, 1–2 Bruten, Nest meist hinter abgesprungener Rinde. 5–7 weiße, rotbraun gefleckte Eier; das Weibchen brütet 15–16 Tage. Nestlingsdauer 16–17 Tage.
Nahrung: Sämereien, Flechten, Spinnen, Insekten.

Wissenschaftlicher Name: *Sitta europaea*
Kennzeichen: Standvogel. 14 cm/23 g. Kurzer Schwanz, blaugraue Oberseite. Klettert ruckweise an Baumstämmen, als einziger heimischer Vogel auch mit dem Kopf nach unten. Ruft durchdringend »twiht«, Gesang ein schallendes »wi-wi-wi ...« oder »tüit-tüit-tüit ...«.
Lebensweise in der Stadt: Brutzeit April bis Juni, 1 Brut, meist in Spechthöhlen, Nistkästen oder ausgefaulten Astlöchern, bisweilen in Mauernischen und Lüftungsrohren. Um die Brut vor Staren und anderen Konkurrenten zu schützen, wird das Flugloch mit Speichel und lehmiger Erde bis auf knapp 29 mm Durchmesser zugemauert. 6–9 weiße, rotbraun gefleckte Eier; das Weibchen brütet 14–17 Tage. Nestlingsdauer 23–25 Tage.
Nahrung: Sämereien, Kleintiere.

Schwanzmeise

Wissenschaftlicher Name: *Aegithalos caudatus*
Kennzeichen: Teilzieher. 14 cm/9 g. Klein, langschwänzig. In West-, Süd- und Mitteleuropa meistens mit breitem, dunklem Streifen über dem Auge, in Nord- und Osteuropa überwiegend rein weißköpfig oder mit schwachem Überaugenstreif (kleines Bild). Ruft »tserrrp«, »sri« und »ziit«, unauffälliger, leiser Gesang.
Lebensweise in der Stadt: Gesellig; besonders im Herbst und Winter für gewöhnlich in Trupps. Bewohnt Wälder, Parks, Friedhöfe und ruhige, verwachsene Gärten. Brutzeit März bis Juli, 1–2 Bruten. Großes, tarnfarbiges Beutelnest in Sträuchern und Bäumen; 8–12 weißliche Eier, die das Weibchen 12–14 Tage bebrütet. Nestlingsdauer 14–18 Tage. Vor allem die Erstbruten im März/April verlaufen nur selten erfolgreich; in der Regel wird das Nest von Feinden entdeckt und geplündert.

Nahrung: Spinnen, Insekten.

Blaumeise

Wissenschaftlicher Name: *Parus caeruleus*
Kennzeichen: Standvogel. 11,5 cm/11 g. Schwanz, Flügel und Oberkopf blau, Unterseite gelb, meist mit dunklem Längsstreif in der Bauchmitte. Zahlreiche Rufe, trillernder Gesang.
Lebensweise in der Stadt: Weil sie klein und leicht ist, kann sich die Blaumeise bei der Nahrungssuche bis in die Außenbereiche der Sträucher und Bäume wagen; oft sieht man den lebhaften Vogel kopfüber an einer Zweigspitze hängen. Während des Winters regelmäßiger Gast an Futterstellen. Brutzeit April bis Juli, 1–2 Bruten. Moosnest in Nistkästen und Baumhöhlen, manchmal auch in Lüftungslöchern, Eisenrohren und Briefkästen. 7–14 weiße, braunrot gefleckte Eier; das Weibchen brütet 13–15 Tage. Nestlingsdauer 17–19 Tage.
Nahrung: Sämereien, Talg, Spinnen, Insekten.

Kohlmeise

Wissenschaftlicher Name: *Parus major*
Kennzeichen: Standvogel. 14 cm/19 g. Kopf schwarz mit weißen Wangen, Rükken olivgrün. Gelbe Unterseite mit schwarzem Längsstreif in der Mitte, der beim Weibchen schmaler ist als beim Männchen. Ruft »sidüi«, »pink-pink« und blaumeisenähnlich »zii-detdetdet…«, der Gesang kann äußerst verschieden ausfallen und klingt häufig wie »zizibe-zizibe…«.

Lebensweise in der Stadt: Intelligent und anpassungsfähig. Landet bisweilen auf den Milchflaschen, die sich mancher Haushalt frühmorgens anliefern läßt, pickt den Folien- oder Wachspappenverschluß auf und verzehrt den Rahm, der sich darunter befindet. Dringt gelegentlich in Wohnungen ein und sucht die Gardinen nach Kleintieren ab, durchstöbert Abfallkörbe, frißt Butter, Seife und Fensterkitt. Verlebt die Wintermonate manchmal in den Lagerhallen von Lebensmittelmärkten. Neugierig zupfen und zerren die Vögel an den

unterschiedlichsten Dingen, gewaltsam öffnen sie Verpackungsmaterial aller Art; Tüten, Säcke, Kartons beispielsweise oder Papier. Was schließlich zum Vorschein kommt, Kaffeebohnen vielleicht oder Nudeln, besitzt für die Tiere oft keinerlei Wert. Brütet von März bis Juli, vereinzelt auch in den übrigen Monaten; 1–3 Bruten. Das Nest besteht aus Haaren, Wolle und Moos; man findet es meistens in Baumhöhlen oder Nistkästen, darüber hinaus in Bretterstapeln, Erdlöchern, Mauernischen, Plastikeimern und Papiersäkken, hinter Fensterläden, in Hydranten, Kanonenrohren, Straßenlaternen, Briefkästen, Lederstiefeln und leeren Benzinkanistern. 8–14 weiße, braunrot gefleckte Eier; das Weibchen brütet 13–15 Tage. Nestlingsdauer 18–20 Tage.

Nahrung: Obst, Sämereien, Talg, Würmer, Spinnen, Insekten.

Hausrotschwanz

Wissenschaftlicher Name: *Phoenicurus ochruros*
Kennzeichen: Zugvogel (März bis Oktober). 14 cm/ 17 g. Zittert ständig mit dem rostroten Schwanz. Das Männchen ähnelt im ersten und zweiten Lebensjahr dem braungrau gefärbten Weibchen (kleines Bild), entwickelt mit zunehmendem Alter jedoch ein überwiegend schwarzes Gefieder. Ruft »fid-tk-tk ...«; dünner, kratziger Gesang, in der Regel von einem Dachfirst oder einer Antenne aus vorgetragen, oft lange vor Sonnenaufgang.
Lebensweise in der Stadt: Ursprünglich ein reiner Hochgebirgsvogel. Besiedelt vorwiegend Baustellen, Industriegebiete, Lagerplätze, Bahnhöfe sowie die Dächer der Innenstadt. Brutzeit April bis Juli, 2–3 Bruten. Nest meistens an Gebäuden, vereinzelt auch im Inneren lärmender Maschinen, z. B. in Generatoren. 4–7 weiße Eier; das Weibchen brütet 12–13 Tage. Nestlingsdauer 13–17 Tage.

Nahrung: Beeren, Kleintiere.

Gartenrotschwanz

Wissenschaftlicher Name: *Phoenicurus phoenicurus*
Kennzeichen: Zugvogel (April bis Oktober). 14 cm/ 15 g. Beim Männchen Gesicht und Kehle schwarz, Brust und Flanken rostrot; Weibchen (kleines Bild) heller und bräunlicher als das ähnliche Weibchen des Hausrotschwanzes. Beide Geschlechter zittern regelmäßig mit dem rostroten Schwanz. Ruft »fuid« und »teck-teck«, der wohlklingende, kurze Gesang enthält zahlreiche Nachahmungen anderer Vogelstimmen.

Lebensweise in der Stadt: An Bäume gebunden. Brutzeit April bis Juli, 1–2 Bruten. Nistet in Spechthöhlen, Nistkästen, Holzstößen, ausgefaulten Astlöchern und an Gebäuden, manchmal auch in Blechkanistern, Gartenzwerghäusern und alten Schuhen. 5–7 grünblaue Eier; das Weibchen brütet 13–14 Tage. Nestlingsdauer 13–15 Tage.
Nahrung: Beeren, Würmer, Spinnen; Schnaken, Schmetterlinge und andere Fluginsekten.

Rotkehlchen

Wissenschaftlicher Name: *Erithacus rubecula*
Kennzeichen: Teilzieher. 14 cm/16 g. Oberseite olivbraun, Kehle und Brust orangefarben. Ruft »zik«, oft in schneller Folge hintereinander, der schwermütig klingende Gesang ist auch im Winter zu hören.
Lebensweise in der Stadt: Benötigt Sträucher und Dikkichte, hält sich viel auf dem Boden auf. Geringe Scheu vor dem Menschen. Wird im Garten ein Beet umgegraben, kommt das Rotkehlchen oft auf wenige Meter heran, um die aufgeschreckten Spinnen, Insekten und Würmer zu fressen. Brutzeit April bis Juli, 2 Bruten. Nest meistens am Boden, zuweilen auch in Astlöchern, Nistkästen, Holzstößen, Gießkannen oder an Gebäuden. 5–7 weißliche, rotbraun gefleckte Eier; das Weibchen brütet 13–14 Tage. Nestlingsdauer 12–15 Tage.
Nahrung: Beeren, Kleintiere.

Nachtigall

Wissenschaftlicher Name: *Luscinia megarhynchos*
Kennzeichen: Zugvogel (April bis September). 16,5 cm/22 g. Braune Oberseite, helle Unterseite, braunroter Schwanz. Ruft bei Störungen charakteristisch »hüid« und »karr«, voller, schluchzender, abwechslungsreicher Gesang, der tagsüber und bei Nacht zu hören ist. In Südskandinavien und im nördlichen, ostseenahen Mitteleuropa vertreten durch den eng verwandten Sprosser (*Luscinia luscinia*, kleines Bild): Zugvogel (April bis September). Dunkel gewölkte Brust. Gesang härter und gleichförmiger.
Lebensweise in der Stadt: Bewohnt Laubwälder,

Parks, Dickichte und feuchte, verwachsene Gärten; lebt verborgen im Schutz des Unterholzes. Brutzeit Mai bis Juli, 1 Brut. Nest am Boden oder dicht darüber; 4–6 olivbraune Eier; das Weibchen brütet 13–14 Tage. Nestlingsdauer 11–12 Tage.
Nahrung: Insekten, Spinnen und andere Kleintiere.

Grauschnäpper

Wissenschaftlicher Name: *Muscicapa striata*
Kennzeichen: Zugvogel (April bis September). 14 cm/18 g. Graubraune Oberseite, helle, gestrichelte Brust. Zuckt ständig mit Flügeln und Schwanz, ruft »zit« und »zi-tk-tk«, schlichter Gesang.
Lebensweise in der Stadt: Setzt sich auf Zaunpfähle, Zweige und ähnliche Warten, um nach fliegenden Insekten, seiner Hauptnahrung, Ausschau zu halten, die er im Flatterflug erbeutet. Brutzeit Mai bis Juli, 1–2 Bruten. Nistet in Nischen verschiedenster Art, z. B. an Baumstämmen, Hauswänden und Skulpturen, in Nistkästen, Bretterstapeln, Gartenhütten, Fabrikhallen, Speiseräumen und alten Mehlschwalben- oder Amselnestern. 4–6 weißliche, rotbraun gefleckte Eier; das Weibchen brütet 12–14 Tage. Nestlingsdauer 12–15 Tage.
Nahrung: Beeren, Kleintiere.

Feldsperling

Wissenschaftlicher Name: *Passer montanus*
Kennzeichen: Standvogel. 14 cm/23 g. Brauner Oberkopf, schwarzer Fleck auf den weißen Wangen. Tschilpende Rufe.
Lebensweise in der Stadt: Überwiegend am Stadtrand anzutreffen, oft in Schwärmen. Brutzeit April bis Juli, 2–3 Bruten. Nest meist in Baumhöhlen, Nistkästen oder an Gebäuden, etwa in Mauerlöchern, Rollladenkästen oder zwischen Dachziegeln. Brütet manchmal in Toren aus Stahlrohr, die mehrmals am Tag geöffnet und wieder verschlossen werden, nistet auf Baukränen, die fortwährend auf einer Strecke von beispielsweise 60 m ihren Standort verändern. 5–6 weißliche, dunkel gefleckte Eier; beide Partner bruten 11–14 Tage. Nestlingsdauer 12–15 Tage.
Nahrung: Getreidekörner, Keimlinge und andere Pflanzenteile, Kleintiere.

Wissenschaftlicher Name: *Passer domesticus*
Kennzeichen: Standvogel. 15 cm/30 g. Männchen (Bild rechts) mit grauem Oberkopf und weißlichen Wangen, Weibchen (Bild links) unscheinbar graubraun gefärbt. Tschilpende Rufe.
Lebensweise in der Stadt: Bevorzugt die Nähe von Gebäuden. Zu allen Jahreszeiten sucht ein Teil der Vögel gemeinsame Schlafplätze auf; häufig versammeln sich Hunderte Haussperlinge in einem einzigen Strauch oder Baum, oft mitten in der Stadt an unruhigen Stellen. Die vorbeiströmenden Passanten und das Getöse des Verkehrs stören die Tiere ebensowenig, wie die durch Laternen, Leuchtreklame, Autoscheinwerfer und andere Lichtquellen erzeugte Helligkeit. Haussperlinge baden nicht nur in Pfützen, Teichen und Bächen oder unter tropfenden Wasserhähnen, sie wälzen sich auch im Staub,

z. B. an Straßenrändern und Bahngleisen. Brutzeit April bis Juli, 2–3 Bruten. Das Nest wird aus Halmen, Federn, Wolle, Haaren, Papier und Lumpenstücken gebaut; man findet es in Markisen- und Jalousienkästen, in Lüftungslöchern, hinter Dachrinnenrohren und Firmenschildern, in Nistkästen, Baumhöhlen, Straßenlaternen, Elstern-, Mehlschwalben- und Storchennestern sowie auf Strommasten. Am begehrtesten ist der vorspringende Dachkasten von Wohnhäusern; die Sperlinge schlüpfen durch eine Fuge zwischen den Verkleidungsbrettern oder durch eine andere Öffnung. Manchmal freistehende Nester in Bäumen. 4–6 weißliche, mit braunen oder grauen Flekken übersäte Eier, beide Partner brüten 11–13 Tage. Nestlingsdauer 14–17 Tage.

Nahrung: Pflanzenteile, Kleintiere, Abfälle.

Dompfaff, Gimpel

Wissenschaftlicher Name: *Pyrrhula pyrrhula*
Kennzeichen: Teilzieher. 15 cm/26 g. Schwarze Kopfkappe, weißer Bürzel. Männchen mit roter, Weibchen (kleines Bild) mit graubrauner Unterseite. Ruft sanft »dü«, leiser, unauffälliger Gesang.
Lebensweise in der Stadt: Bewohnt Wälder, Parks und Gärten; meist paarweise oder in kleinen Trupps unterwegs. Brutzeit April bis Juli, 1–2 Bruten. Nistet 1–3 m hoch in einem Strauch oder Baum; als Baumaterial für das Nest dienen Zweige, Wurzeln, Gräser, Haare und Moos, zuweilen auch Perlonschnüre, Kupferdrähte sowie Fasern von Kokosmatten und Teppichen.

Manchmal Gebäudebruten, z. B. unter Dachvorsprüngen auf Holzbalken oder in bewohnten Räumen auf dem Rahmen eines gekippten Fensters. 4–6 bläuliche, dunkel gefleckte Eier; das Weibchen brütet 12–14 Tage. Nestlingsdauer 14–17 Tage.
Nahrung: Beeren, Knospen, Samen, Spinnen, Insekten.

Kernbeißer

Wissenschaftlicher Name: *Coccothraustes coccothraustes*
Kennzeichen: Teilzieher. 18 cm/55 g. Gedrungen und stiernackig, wuchtiger Schnabel. Ruft scharf »zick« und durchdringend »zieh«, der unauffällige Gesang ist selten zu hören.
Lebensweise in der Stadt: Hält sich überwiegend in Baumkronen auf, kommt jedoch besonders im Spätwinter auch viel auf den Boden herunter. Brutzeit April bis Juli, 1–2 Bruten. Nest 2–6 m hoch in einem Strauch oder Baum; 4–6 graue, dunkel gefleckte Eier, die das Weibchen 12–14 Tage bebrütet. Nestlingsdauer 13–14 Tage.
Nahrung: Insekten, Knospen, Triebe und eine Vielzahl von Sämereien. Mit seinem mächtigen Schnabel bricht der Kernbeißer selbst Zwetschgen-, Schlehen- und Kirschkerne auf, um an die darin enthaltenen Samen zu gelangen.

Buchfink

Wissenschaftlicher Name: *Fringilla coelebs*
Kennzeichen: Teilzieher. 15 cm/20 g. Beim Männchen Unterseite rötlichbraun, Scheitel und Nacken schieferblau; Weibchen (kleines Bild) oben olivbraun, unten heller. Beide Geschlechter mit zwei auffallenden, weißen Flügelbinden. Ruft laut »pink«, »wrüt« und hoch »siih«; Gesang eine abfallende Schmetterstrophe.
Lebensweise in der Stadt: Im Frühjahr heftige Revierstreitigkeiten zwischen den Männchen. Auch das eigene Spiegelbild in einer Radkappe oder Fensterscheibe wird bisweilen bekämpft, manchmal so ungestüm, daß sich der

Vogel das Rückgrat bricht und zugrunde geht. Brutzeit April bis Juli, 2 Bruten. Napfförmiges, gut getarntes Nest in Sträuchern und Bäumen; 4–6 helle, dunkel gefleckte Eier, die das Weibchen 11–13 Tage bebrütet. Nestlingsdauer 13–14 Tage.
Nahrung: Beeren, Knospen, Sämereien, Kleintiere.

Grünfink

Wissenschaftlicher Name: *Carduelis chloris*
Kennzeichen: Standvogel. 14,5 cm/30 g. Grünliches Gefieder, gelber Flügelspiegel. Weibchen matter gefärbt als das Männchen. Ruft »dschwüid« und »gigigi«; abwechslungsreicher, klingelnder Gesang.
Lebensweise in der Stadt: Bewohnt Waldränder, Grünanlagen und Gärten; regelmäßiger Gast an Futterstellen. Brutzeit März bis August, 2–3 Bruten. Aus Zweigen, Wurzeln, Halmen, Moos und Haaren wird das Nest gebaut; für gewöhnlich steht es 1,5–4 m hoch in Sträuchern und Bäumen, z. B. in Efeuranken oder in dichten Hecken, manchmal auch auf Balkonen in einer Topfpflanze. 4–6 helle, sparsam gefleckte Eier; das Weibchen brütet 13–14 Tage. Nestlingsdauer 13–15 Tage.
Nahrung: Insekten, Knospen, Blüten, Beeren und verschiedene Sämereien.

Nistkästen

Sie sind für Höhlenbrüter gedacht und können zu jeder Jahreszeit angebracht werden. In abgeschlossenen Grundstücken genügt es, sie in Kopfhöhe aufzuhängen, ansonsten sollte der Abstand zum Boden mindestens 3 m betragen. Für gewöhnlich wird man die Kästen an Bäumen, Masten, Stangen oder Gebäuden befestigen. Das Flugloch sollte nicht zur Wetterseite (meist Westen) gerichtet sein, es sei denn, der Kasten befindet sich an einer etwas geschützten Stelle, unter ausladenden Ästen etwa oder unter einem Dachvorsprung.
Wer Nistkästen basteln möchte, verwendet Bretter mit einer Dicke von mindestens 2 cm. Der Durchmesser des Fluglochs beträgt für Tannen- und Blaumeise 26 mm, für Kohlmeise, Kleiber, Gartenrotschwanz, Trauerschnäpper, Wendehals, Feld- und Haussperling 32 mm. Für Stare ist ein 46 mm großes Flugloch gedacht; die Bodenfläche zwischen den Wänden, sonst 18 × 18 cm, mißt in diesem Fall 23 × 23 cm.
Nistkästen kann man auch kaufen; besonders bewährt haben sich Höhlen aus Holzbeton (Bild). Ungeeignet dagegen sind Konstruktionen aus Plastik und Blech; bei Hitze werden sie manchmal zu tödlichen Fallen. Höhlen mit 32 mm großem Flugloch werden in der Regel am schnellsten belegt. Wer mehrere Nistkästen anbringt, sollte am Anfang hauptsächlich diesen Fluglochdurchmesser wählen. Das günstigste Verhältnis liegt vor, wenn in etwa 60% der Höhlen gebrütet wird; die restlichen stellen begehrte Schlafgelegenheiten dar.
Die meisten Vögel bauen für jede Brut ein neues Nest und entfernen, abgesehen vom Star, das alte Nistmaterial nicht. Besetzte Höhlen werden aus diesem Grund bald zu eng und müssen einmal im Jahr gereinigt werden, am besten im Herbst. Zum Ausräumen der Höhle gibt es Spezialgeräte, es genügen jedoch auch ein alter Eßlöffel oder eine kleine Gartenhacke.

Winterfütterung

Füttern sollte man Vögel, wenn überhaupt, nur bei Dauerfrost und geschlossener Schneedecke. Enten, Gänsen, Schwänen, Bläßhühnern und Möwen ist mit Obst, Gemüse, Brot und Getreidekörnern am besten gedient; Haubenlerchen,

Heckenbraunellen, Rotkehlchen und Drosseln einschließlich der Amseln mit Haferflocken, Kleie, Rosinen und kleingeschnittenem Obst. Spechte, Tauben, Dompfaffen, Kernbeißer, Kleiber, Meisen, Finken und Sperlinge bekommen Sonnenblumenkerne, Nußbruch, Hanf und Getreidekörner. Spechte, Kleiber und Meisen gehen auch gern an Rindertalg, den man in Metzgereien günstig erhält und mit Draht oder Schnur an Bäumen befestigt.

In der Regel ist es nicht zu empfehlen, Futter auf den Boden zu streuen. Auch von offenen, ungeschützten Futterhäusern ist abzuraten. Kleinvögel füttert man mit einem Silogerät; ein Verschmutzen des Futters wird auf diese Weise vermieden.

Die vogelfreundliche Stadt
Sie läßt sich nicht allein mit Nistkästen oder Winterfütterung verwirklichen. Viel wichtiger ist es, den Tieren geeignete Lebensräume zu bieten. Hauswände z. B. kann man mit Kletterpflanzen begrünen, Amsel, Grünfink und Zaunkönig würden es danken.
In Gärten und Parks sollten abwechslungsreiche Blumenwiesen angelegt werden; für Körnerfresser unter den Singvögeln kann man zusätzlich Wildkräuter anpflanzen; sie dürfen nur alle zwei bis drei Jahre behutsam mit einer Sense gemäht werden.
Bodenbrüter wie das Rotkehlchen wissen es zu schätzen, wenn unter Sträuchern und Bäumen das Laub liegenbleibt. Um es Nesträubern möglichst schwer zu machen, sollten Büsche und Hecken nicht stärker beschnitten werden als unbedingt nötig.
Von hervorragender Bedeutung für zahllose Tiere ist krankes und totes Holz. Morsche Bäume, die aus Sicherheitsgründen gefällt werden müssen, sollte man am Boden verrotten lassen.

Adressen, die weiterhelfen

Naturschutzbund Deutschland
(vormals Deutscher Bund für Vogelschutz)
Am Michaelshof 8
W-5300 Bonn 2
Tel. 0228/358021

Landesbund für Vogelschutz in Bayern
Kirchenstr. 8
W-8543 Hilpoltstein
Tel. 09174/9085

Österreichische Gesellschaft für Vogelkunde
Burgring 7
A-1014 Wien
Tel. 222/934651

Schweizer Vogelschutz
Postfach
CH-8036 Zürich
Tel. 01/4637271

Schwegler Vogel- und Naturschutzprodukte
Heinkelstr. 35
W-7060 Schorndorf
Tel. 07181/5037

Weiterführende Literatur

- Heinzel, H.; Fitter, R., Parslow, J.: Pareys Vogelbuch. Parey Verlag, Hamburg und Berlin. Mehrere Auflagen seit 1972.
- Nicolai, J.; Singer, D.; Wothe, K.: Vögel. Gräfe und Unzer Verlag, München. Mehrere Auflagen seit 1984.
- Peterson, R. T.; Mountfort, G.; Hollom, P.: Die Vögel Europas. Parey Verlag, Hamburg und Berlin. Zahlreiche Auflagen seit 1954.
- Schulze, A.: Vogeltips für jedermann – alles Wichtige zu unserer Vogelwelt. Ehrenwirth Verlag, München. Mehrere Auflagen seit 1986. Wahlweise mit Vogelstimmenkassette erhältlich.
- Schulze, A.: Vögel in Garten, Park und Wald. Ravensburger Buchverlag 1988.

Vögel-Register

schräg gedruckte Seitenzahlen verweisen auf Abbildungen

9,80/4

Der Autor:
Andreas Schulze, Fotograf und Tierfilmer, Autor erfolgreicher Vogelbücher und Vogelstimmenkassetten, freier Mitarbeiter des Bayerischen Rundfunks, Träger hoher Naturschutzpreise.

Die Fotografen:
Bethge: 33, 40 o., 45, 56 o.; Danegger: 29, 55; Frind: 5 u.r.; Fürst: 41; Gross: 28, 49 o., 56 u.; Grossenbacher: U2; Harrer: 37; Hortig: 18 u.; Klees: 11 u., 59; Limbrunner: 6, 31; Nooyer: 9; Pforr: 21, 34 u.; Schulze: 4 o.l., 4 m.l., 5 o.r., 7 o., 7 u., 8 u., 10, 12 u., 15, 19, 20 u., 23 u., 24, 32, 34 o., 36, 39, 40 u., 48 u., 49 u., 50, 51 u., 53, 58 o., 58 u., 61; Siebrasse: 42, 47; Siegel: 18 o.; Silvestris: 4 m.r. (Lane), 4/5 o. (Geyer), 5 u.l. (Heitmann), 11 o. (Walz), 13 (Maier), 14 o. (Marquez), 17 (Buchhorn), 23 (Wothe), 25 (Lane), 26 (Lane), 27 (Arndt), 46 u. (Pollin), 48 o. (Kriso), 52 (Lane); Trötschel: 20 o., 22; Walz: 14 u., 30 u.; Wegler: U1, 54; Wendl: 4 u., 5 m., 30 o., 38 o., 44 o., 44 u., 51 o., 57; Wothe: 3, 8 o., 12 o., 16, 35, 43, 46 o., U4; Zeininger: 38 u.

Redaktionsleitung: Hans Scherz
Redaktion: Ursula Kopp
Bildredaktion: Angelika Rieckenberg, Ursula Kopp
Herstellung und Produktion: Helmut Giersberg
Einbandgestaltung: Heinz Kraxenberger
Satz: Filmsatz Schröter GmbH
Offsetreproduktion und Druck: Graphische Anstalt E. Wartelsteiner
Bindung: Ludwig Auer GmbH

ISBN 3-7742-1356-9